AF349491

MÉTHODE

SURE ET FACILE

DE BONIFIER LES VINS

De 1816,

D'après les procédés de MM. Chaptal, Cadet-de-Vaux, etc.

(Prix : 75 centimes ou 15 sols.)

PARIS, 1816,

Et se vend à Bordeaux, au CABINET DE LECTURE, rue Porte-Dijeaux, en face de la Poste aux lettres.

Les exemplaires voulus par la loi ont
été déposés à la bibliothèque royale.

MÉTHODE
SURE ET FACILE
DE BONIFIER LES VINS,
De 1816,

D'après les procédés de MM. CHAPTAL, CADET-DE-VAUX *, etc.*

PLUS il y a de matière sucrée dans le raisin, plus le vin est fort, généreux, spiritueux et parfait.

Moins il y a de matière sucrée dans le raisin, plus le vin est faible, défectueux, jusqu'à devenir impotable.

C'est le soleil qui donne aux raisins la matière sucrée qui fait le bon vin.

Il faut une certaine intensité, une certaine continuité de chaleur dans les rayons du soleil, pour donner au raisin une quantité de matière sucrée suffisante pour produire de bon vin.

Voilà pourquoi dans les climats froids, où ne se trouvent point cette intensité et cette continuité de chaleur, il ne se fait point du tout de vin, ou le vin est plus ou moins impotable.

Il peut arriver, et il n'arrive que trop souvent, dans les climats propres à faire de bon vin, un dérangement de saisons, qui empêche le raisin d'acquérir le degré de maturité, qui fait le bon vin.

C'est malheureusement le cas de mil huit cent seize, pour les départemens même méridionaux de la France. Le raisin sera cette année plus ou moins aqueux, plus ou moins acide, et dépourvu plus ou moins de cette matière sucrée, si essentielle pour faire de bon vin, parce que le raisin ne parviendra point cette année à sa parfaite maturité.

Par conséquent, on ne fera en 1816 qu'un vin mauvais ou détestable.

Par conséquent, les propriétaires de vignobles sont menacés de pertes incalculables.

L'art de faire les vins offre-t-il des moyens de corriger les vices présumés du raisin de mil huit cent seize, et de prévenir, ou au moins d'affaiblir les pertes immenses des propriétaires de vignes ?

« Si les saisons, dit M. Cadet - de - » Vaux, exercent une influence mal- » heureuse sur le produit et sur la qualité » des vins, l'art au moins peut réparer » en partie ces maux.

» Il n'y a pas d'année si défavorable, » il n'y a point de vignobles, si médiocres » qu'ils soient, dont on ne puisse, par » le secours de l'art, obtenir un vin de » bonne qualité. Où la nature fait peu, » l'art a beaucoup à faire ».

« Car ce n'est pas la nature qui fait » le vin, c'est l'art : la nature fournit » les matériaux, en fournissant le raisin, » de même qu'elle offre la pierre pour » bâtir ; mais c'est l'architecte qui dresse » les plans, et ce sont les ouvriers qui » élèvent l'édifice ».

Les agriculteurs éclairés (et malheureusement ils sont en petit nombre), n'ignorent pas, à quel degré de perfection a été porté l'art de faire le vin, par nos chymistes modernes, surtout par MM. Chaptal, et Cadet-de-Vaux. Ils savent que ces grands chymistes, par de nombreuses expériences, répétées par d'habiles agriculteurs, ont formé une méthode sûre et facile, pour corriger les vices du raisin, et faire de bon vin avec de mauvais ou de médiocres raisins.

C'est leur méthode que nous allons tâcher de développer de la manière la plus briève et la plus claire, qu'il nous sera possible, pour la mettre à la portée de tout le monde.

Nous en recommandons l'application aux propriétaires de vignes, tant pour leur intérêt personnel, que pour l'intérêt général. Malgré l'inconcevable intempérie des saisons, nous avons été assez heureux pour sauver la récolte du blé, faisons tous nos efforts pour sauver la récolte du vin. Que les propriétaires instruits, qui connaissent aussi bien que nous cette méthode, cherchent à la propager et à la défendre contre les préjugés.

Nous pouvons prédire et signaler d'avance, dans le raisin de cette année, trois vices, qu'il aura plus ou moins.

1°. Une surabondance d'eau.

2°. Une surabondance d'acide.

3°. Un manque de quantité suffisante de la matière sucrée, qui fait le bon vin.

Si nous parvenons à corriger ces trois vices, nous ferons un vin bon, de garde et vendable.

MOYENS

De corriger la surabondance d'eau dans le raisin.

La première et importante opération, que nous recommandons de suite aux propriétaires de vignes, c'est de faire déchausser, jusqu'aux premières racines, tous les pieds de vignes qui ont du raisin, et dont la maturité est avancée. Si le mois d'octobre est chaud et sec, comme nous devons l'espérer, d'après les pluies et la froidure que nous avons éprouvé depuis si long-temps, cette opération hâtera rapidement l'évaporation de l'humidité des racines, diminuera la sève du cep, mûrira le sarment, et par conséquent le raisin.

La seconde opération préparatoire, est de faire effeuiller tous les pieds de vigne qui ont du raisin. L'effeuillage doit se faire dans l'intérieur et au midi du pied de vigne. Laissez assez de feuilles du côté du nord, pour arrêter les rayons du soleil, et les faire réfléchir sur le raisin. Cette manière d'effeuiller est plus importante qu'on ne pense, pour hâter la maturité du raisin. Si vous effeuillez partout, les rayons du soleil traversant sans obstacle votre pied de vigne, auront beaucoup moins d'influence sur le raisin.

vin. Si vous mettiez , dans un vin déjà fermenté et fait, de l'eau-de-vie , du miel et du sucre , vous trouveriez dans votre vin des goûts particuliers , parce qu'ils ne pourraient plus être amalgamés avec le goût du vin et neutralisés , par la fermentation.

MOYEN

DE DONNER AU VIN

UNE BELLE COULEUR FONCÉE ,

Si recherchée par le commerce , et d'empêcher l'évaporation de l'esprit de la vendange si essentiel à la perfection du vin.

Mieux votre vendange est foulée , et plus votre vin est coloré. Faites donc fouler parfaitement votre vendange , sur tout cette année , où le raisin , moins mûr , donnera moins de parties colorantes.

Les peaux de raisin qu'on vous a pres-
crit plus haut de mettre daus les chau-
dronnées , que vous avez fait bouillir ,
vous ont donné un moût noir comme
de l'encre , et coloreront singulièrement
votre vin.

Vous placerez , dans votre cuve , sur
votre vendange , un couvercle de bois
qui aura la forme de l'orifice de votre
cuve , pour le fermer aussi exactement
que possible , en laissant cependant assez
de jeu pour pouvoir entrer et sortir fa-
cilement , au moyen d'une corde et d'une
poulie. Ce couvercle comprimera et for-
cera par sa pesanteur la rafle à plonger
dans le moût , non pas en totalité , mais
à deux ou trois travers de doigt près.
Si le couvercle n'est pas assez pesant ,
on le charge de poids.

Par le moyen de ce couvercle , la
presque totalité des peaux de raisin est
plongée dans le moût , et donne une
belle robe au vin.

Par le moyen de ce couvercle et

d'une toile cirée , ou d'une couverture de lit , que vous attacherez avec une ficelle sur l'ouverture de votre cuve , vous forcerez l'esprit de la vendange à rester dans le vin.

On ne saurait croire combien tous ces détails , qui paraissent minutieux et inutiles aux ignorans , contribuent aux bonnes qualités du vin.

Nous nous attendons à une foule d'objections, que, de toutes parts , l'ignorance , l'habitude , le préjugé, l'intérêt mal entendu , vont élever contre cette méthode.

Nous répondrons d'abord : C'est la méthode qu'ont formée les plus grands chymistes et agriculteurs de l'Europe ; c'est la méthode des Maupin, des Rosier , des Bullion (le Comte) , des Chaptal , des Cadet-de-Vaux, des Maquer , des Parmentier, etc. , etc. Ces noms si respectables dans les sciences physiques , chymiques et agricoles, méritent quelque confiance de votre part.

C'est une méthode confirmée par les expériences d'un grand nombre d'années, par des agriculteurs qui ont eu le courage de secouer le joug de l'habitude et du préjugé.

C'est enfin une méthode, qui, pour moins de huit à neuf francs de toute dépense, qu'elle vous occasionnera par barrique de vin, vous fera vendre plus de cent francs, cette même barrique de vin, que vous n'auriez peut-être pas vendu vingt francs cette année.

Au reste, voici notre dernier mot : dix à douze jours avant vos vendanges, faites ramasser dans vos vignes la quantité de raisins suffisante pour remplir deux barriques, que vous transformerez en cuvettes ; vous aurez soin de faire choisir des raisins qui tiennent à-peu-près le milieu entre les plus mûrs et les moins mûrs de votre vigne. Nous n'entendons pas, par ces derniers raisins, du pur verjus, mais des raisins déjà tournés, et qui commencent à entrer dans les premiers degrés de la maturité ; car autrement , il faudrait augmenter la quantité de la matière sucrée. Vous ferez bien fouler également cette vendange , vous la distribuerez à vos deux barriques ; dans l'une vous suivrez les procédés que la méthode vous indique, et dans l'autre , vous n'y ferez rien, vos raisins y fermenteront seuls , tels qu'ils sont sortis de votre vigne ; après la fermentation , tirez le vin des deux barriques séparément ; goûtez , comparez et jugez : c'est là la pierre de touche , et mettre les gens au pied du mur.

Nota. — Nous conseillons toujours aux grands propriétaires qui ne voudront pas tenter l'expérience en grand , ainsi qu'aux petits propriétaires , de suivre nos procédés, au moins pour leur provision.

A Bordeaux , de l'Imprimerie de FERNEL, rue du Grand-Cançera , n°. 28.

Avec permission.